자연과 대조하면 비로소 보이는
다윈의 착각과 거짓말

김학충 글 진지영 그림

조명출판사

우전자변이로도 변형되지 않으니 진화는..

추천의 글

김경태 교수 포항공대 생명융합과학부

 만물과 생명의 자연발생을 주장하는 진화론에 대해 설득력 있게 반박하면서 진화과정의 허점을 논리적으로 설명하고 있다. 특히 만화로 만들어져 어린이부터 어른에 이르기까지 재미있게 읽을 수 있고 진화의 불가능에 대해 쉽게 이해할 수 있으리라 믿는다.

서병선 한동대 명예교수
한국창조과학선교센터장, 한국창조과학회 부회장

 진화론은 자연과학분야 뿐만 아니라 인문학, 사회과학, 신학분야까지 방대한 영향을 미쳐서 성경적 창조세계관을 부정하게 한다. 본서의 저자는 과학자가 아닌 목회자로 만화형식으로 낸 두 번째 책자는 첫 번 저서의 내용인 진화론의 허구성을 청소년과 일반인이 보다 쉽게 이해할 수 있도록 편집한 것이다. 하나님께서 예비하신 만화작가를 통하여 저자가 말하고자 하는 내용을 더욱 충실하고 재미있게 묘사되었다. 진화론의 거짓된 주장 때문에 영적인 방황을 하는 많은 청소년이 이 책자를 통하여 창조주 하나님을 경험하길 바라며 교회학교에서도 필독서로 비치하여 널리 읽히길 바란다.

임번삼 (미생물학 Ph.D) (사)교과서진화론개정추진회 고문, (전), 고려대 객원교수, 대상그룹 CEO, 『창조과학 원론』, 『진화론과 과학』 등 저술

 나는 김 목사님을 한 번도 뵌 적이 없으나, 작년에 저술하신 『진화론은 가소설이다』를 읽고서 진화론의 허구를 그토록 적확하게 비판하신

전문적인 식견에 놀라움을 금할 수 없었다. 이번의 책도 예외는 아니다. 만화의 대본과 그림의 구성이 절묘하게 조화를 이루어 독자들에게 큰 공감과 감동을 주리라 확신한다. 이 책이 일반인은 물론, 가치관의 형성기에 있는 중고등 학생들에게 바른 길잡이가 되리라 믿어 의심치 않는다.

이경호 인하대학교 교수, 한국창조과학회 회장

우리는 지난 600여년의 논쟁의 역사 속에서 진화론은 증명된 사실인 양 믿고 또한 그렇게 알고 있다. 이 책은 여러분들의 지금까지 가지고 있던 진화론의 안경을 벗게 해 줄 좋은 도구가 될 것이다. 여러분이 지금까지 당연히 받아들이고 있던 진화론에 대해 다시 한 번 생각하게 하고, 이 세상을 바라보는 새로운 패러다임을 제시하게 될 것을 기대하면서 한국창조과학회 회장으로서 이 책을 여러분에게 추천한다.

정재훈 한국창조과학회 대구지부 강사팀장, 초등학교 교사

이 책의 저자는 진화론의 원리와 근거를 자연과 대조하여 일치하지 않는 것을 드러내었다. 즉 진화론은 이론은 그럴 듯하지만, 사실이 아니란 것이다. 이 책은 초등학생이 즐겨보는 WHY시리즈 수준의 글과 그림으로 되어 있어, 초등학교 고학년도 읽고 이해할 수준의 책이라고 본다. 진화론만 배우고 자란 이들에게 진화론을 다른 관점에서 살펴볼 기회를 제공하고 있다. 이 책은 신앙과 과학 사이에서 방황하는 이들에게 좋은 나침판이 될 것이다.

뒷표지에 서평이 있습니다

글을 시작하며

집필동기

2015년 어느 날 뜬금없이 진화론이 허구란 것을 밝히는 책을 써야겠다는 생각이 들었다. 하지만, 동시에 이런 생각도 들었다.

"과학자들도 진화론이 허구란 것을 제대로 밝혀내지 못했는데,
"신학을 공부한 목사인 내가 그걸 할 수 있을까?"
"그건 달걀로 바위를 치는 것만큼 무모한 짓은 아닐까?"
"목사가 쓴 진화론을 비판하는 책을 읽을 사람이 있을까?"
"괜히 헛수고하는 것은 아닐까?"

이런저런 생각이 꼬리를 물고 계속됐다. 하지만, 그런 책을 써야겠다는 생각이 든 것은 결코 내 마음에서 나온 것이 아니란 판단이 들었다. 어떤 주제로 어떻게 비판해야 할지 논지도 전혀 잡히지도 않았다. 그러나 그때부터 자료를 모으는 일부터 시작하였다. 시간을 내어 인터넷에서 진화론에 관한 자료를 모으기 시작하였다. 다윈이 쓴 『종의 기원』을 사서 읽었다. 창조론 과학자가 쓴 책은 읽지 않았다. 그런 책을 읽는다는 것은 그 비슷한 책을 또 한 권 출간하는 일에 지나지 않는다고 생각이 들었기 때문이다.

진화론 과학자의 잘못된 관점을 파악하다

그렇게 자료를 모으던 어느 날, 우리나라 진화론의 권위자인 최재천 교수의 「라마르크의 부활?」이란 글을 읽었다. 그 글을 통하여 진화론 과학자의 황당한 관점을 알게 되었다. 그는 기린의 목이 다른

동물보다 유난히 긴 이유를 이렇게 설명한다. 기린은 목으로 다른 기린과 싸움을 한다. 당연히 목이 길고 굵은 기린이 이긴다. 그 기린의 새끼는 아비의 목을 닮아 목이 굵고 긴 기린이 태어난다. 이런 일이 반복하는 과정에 기린의 목이 점점 길어졌다는 것이다.

'그것이 사실이라면 양의 머리도 소머리만큼 커져 있어야 하지 않을까?'란 생각이 퍼뜩 들었다. 숫양은 박치기로 우열을 가린다. 아무래도 목이 굵고 머리가 큰 숫양이 승리하게 된다. 그 숫양의 새끼는 아비를 닮아 다른 양보다 목이 굵고 머리가 큰 양으로 태어날 것이다. 이런 일이 오랜 세월 반복되었다면 양의 머리는 소머리만큼 커져 있어야 한다, 그러나 그런 양은 없다.
　이런 판단이 드는 순간 진화론 과학자가 가진 관점을 알게 되었다. 그들은 동물의 모습을 보고, 진화의 과정을 본 것처럼 아주 그럴듯하게 설명하고 있다. 과학적 근거와 상관없이 소설을 쓴다는것을 알았다. 이런 것을 깨닫고 나니 그동안 모으고 읽은 진화론의 모순들이 한순간에 다 보이는 듯했다. 그래서 바로 장의 제목들을 정하고 그때부터 진화론의 허구를 폭로하는 글을 쓰기 시작하였다.

진화론의 시작

　진화론은 영국의 찰스 다윈으로부터 시작되었다. 다윈은 상당히 논리적인 사람이다. 그는 『종의 기원』이란 책에서 형질변이와 자연선택이란 이론으로 진화의 메커니즘을 명쾌하게 설명하여, 즉시 학계의 인정을 받았다. 그러나 그는 첫 단추부터 잘못 끼었다. 그는 육종가가 품종을 개량하는 것을 보고 그의 이론을 정립했다. "인간이 하면 자연도 할 수 있다"란 황당하고 근거 없는 논제로 뼈대를 세웠다.. 그는 뇌도 없고 의지도 없는 자연을 육종가와 동일시한 것이다.

진화론의 전개와 거짓말

 다윈은 그의 책 『종의 기원』 에서 형질변이와 자연선택의 근거를 아주 다양하게 제시하였다. 그러나 지금 학계에서 인정받는 것은 오직 두 가지밖에 없다. 다윈은 자신이 세운 이론을 학계로부터 인정을 받기 위해, 불확실한 근거를 그만큼 많이 제시했다는 것을 알 수 있다. 이후 과학계는 형질변이로 종과 종 사이의 진화가 불가능하다는 것을 알게 되었다, 그 결과, 다윈의 진화론은 라마르크의 용불용설처럼 폐기될 위기에 처했다. 하지만, 다 죽어가던 진화론을 드 프리스가 '돌연변이'란 새로운 학설로 소생시켰다. 그러자 과학계에서는 형질변이를 버리고 돌연변이를 진화의 메커니즘으로 받아들였다. 그리하여 많은 과학자가 다양한 방법으로 돌연변이를 일으켜, 돌연변이로 진화되었다는 것을 입증하기 위해 무척 노력했다. 그러나 아무도 그것을 입증하지 못했으며 과학계는 돌연변이로는 진화되지 않는다는 결론에 다다르게 되었다.

 과학자들은 다윈과 드 프리스의 이론으론 진화될 수 없음을 깨달았다면, 다윈이나 드 프리스의 진화론은 허구였습니다. 우리가 잘못 판단했습니다. 이렇게 솔직히 밝혀야 했지만, 과학계는 침묵하였다. 그래서 진화론이 사실인 양 여전히 학교에서 가르쳐 왔다. 현대에 와서는 유전자복제과정에 발생한 돌연변이 된 유전자가 유전되고 누적되어 진화된다고 한다. 최첨단 과학을 근거로 세운 이론이므로, 이제 진화론은 틀림없는 과학이론으로 인정받고 있다. 심지어 창조를 믿는 목사들조차 그것을 인정하는 추세이다. 그러나 현대진화론도 자세히 살펴보면 허구란 것을 알 수있다.

현대진화론의 거짓말

 다윈과 드 프리스의 이론으론 진화될 수 없음을 깨달은 과학자들은

"다윈이나 드 프리스의 진화론은 허구였습니다. 우리가 잘못 판단했습니다." 이렇게 솔직히 밝혀야 했다. 하지만, 과학계는 침묵하므로 진화론이 사실인 양 여전히 학교에서 가르쳐져 왔다.

현대과학은 유전자복제과정에 발생한 돌연변이 된 유전자가 유전되고 누적되어 진화된다고 한다. 최첨단 과학을 근거로 세운 이론이므로, 이제 진화론은 틀림없는 과학이론으로 인정받고 있다. 심지어 창조를 믿는 목사들조차 그것을 인정하는 추세이다. 그러나 현대진화론도 교묘한 거짓말에 지나지 않는다.

이 책은 목사가 과학으로 진화론을 비판한 것이 아니다. 하나님께서 주신 특별한 통찰력으로 진화론의 핵심원리 하나하나를 상식으로 해부하고, 자연과 대조하여 진화론의 모순을 파헤친 책이다.
저자는 과학계에서 인정하는 자연선택의 두 가지 근거인 핀치와 후추나방조차 다윈의 착각이며 거짓말이란 것을 폭로한다. 그리고 드 프리스의 돌연변이설도 다윈의 주장처럼 거짓임을 밝혔다. 마찬가지로 현대진화론도 과학의 탈을 쓰고 세상을 속이고 있는 것을 명백하게 보여준다. 이 책을 다 읽고 나면 진화론은 허구에 지나지 않는다는 것을 깨달으리라 확신한다.

                2024년 5월 어느 화창한 봄날에
                          김학충 목사

목 차

추천의 글

글을 시작하며

제1장　창조는 신앙, 진화는 과학? | 10

제2장　드 프리스의 거짓말 | 20

제3장　환경은 변해도 진화되지 않는 증거 | 44

제4장　자연선택의 도구는 일회용이다 | 54

제5장　먹이사슬 때문에 생존경쟁은 없다 | 67

제6장　다윈의 착각과 거짓말 | 79

제7장　보편타당성이 없는 성선택설 | 89

제8장　융기는 반복되지 않는다 | 103

제9장　꽃은 눈도 코도 없는데 왜 아름답고 향기로울까? | 107

제10장　땅에 올라온 물고기는 번식 못 한다 | 120

제11장　늑대가 고래로 변하기 전에 익사하는 이유 | 128

제12장　진화론은 캄브리아기 대폭발이 폭파되었다 | 136

제13장　침팬지가 인류와 98.4% 닮았다는 거짓말 | 143

제14장　개미의 눈은 왜 진화되지 않았을까? | 156

제15장　생명의 씨앗이 우주에서 왔단다 | 165

제16장　변하는 과정에 멸종된다 | 181

제17장　의사도 오장육부를 개량 못 한다 | 189

제18장　자연이 유전자코드를 발명하고 배열할 수 있을까? | 200

제19장　현대진화론의 거짓말 | 220

제20장　노아홍수는 과학적으로 증명된다 | 229

제21장　화석의 생성과 지구 나이의 비밀 | 255

제22장　신비한 동물의 본능 | 269

제23장　유별난 동물 | 287

　　　　글을 마치며　309

창조는 신앙　진화는 과학？

드 프리스의 거짓말

노아홍수와 므드셀라의 사망연도

이 름	아버지 출생연도(년)	득남연도(년)	출생연도(년)	향년(세)	사망연도(년)
아담	∞	0	0	930	930
셋	0	130	130	912	1042
에노스	130	105	235	905	1140
게난	235	90	325	910	1235
마할랄렐	325	70	395	895	1290
야렛	395	65	460	962	1422
에녹	460	162	622	365(승천)	987
므두셀라	622	65	687	969	1656
라멕	682	187	874	777	1651
노아	874	182	1056	600(홍수)	1656

"노아 600살 때인 1656년에 홍수가 나고 므두셀라는 1656년에 죽었다"

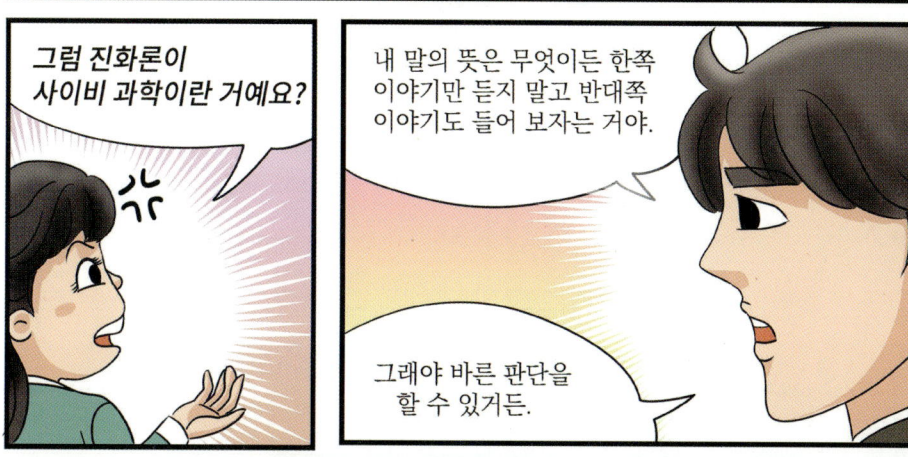

1) Harold W. Clark, New Creation (1980), pp. 37-38. 한국창조과학회. "괴물 돌연변이 이론 (The Monster Mutation Theory)"에서 재인용

환경은 변해도 진화되지 않는 증거

자연선택의 도구는 일회용이다

자연선택의 도구는 일회용이다

자연선택의 도구는 일회용이다

먹이사슬 때문에 생존경쟁은 없다

분명 그랬을 거야. 그런데 다윈은 누구보다도 그런 사실을 잘 알면서 『종의 기원』에 왜 그런 계산을 넣었을까?

'이것 봐라. 동물이 기하급수적으로 번식하잖아!'

이렇게 설득하기 위해서겠지요.

근데 학자가 양심이 있다면 사실이 아닌 수학적 예측을 책에 쓰는 것에 대해 어떻게 생각하니?

그거야 좀 문제가 있긴 하지만... 자기의 이론의 신빙성을 높이기 위한 거잖아요.

『종의 기원』을 살펴보면 다윈이 이런 것을 목격했다는 거야.

"나는 1854년에서 1855년 사이의 겨울에 나의 소유지인 땅에 살던 새의 5분의 4가 죽어 버린 것을 발견했다. 인류의 10%가 전염병에 의해 사망하는 것과 비교할 때 5분의 4라는 죽음은 실로 놀랄 만한 것이다. 기후의 작용은 언뜻 보면 생존경쟁과는 전혀 상관없는 것처럼 보이지만, 실은 먹이를 감소시키는 작용을 하여 종이 같거나 다르거나 동일한 종류의 먹이로 살아가는 개체 사이에 극심한 경쟁을 불러일으킨다."[1]

1) 『종의 기원』, p. 86.

다윈의 착각과 거짓말

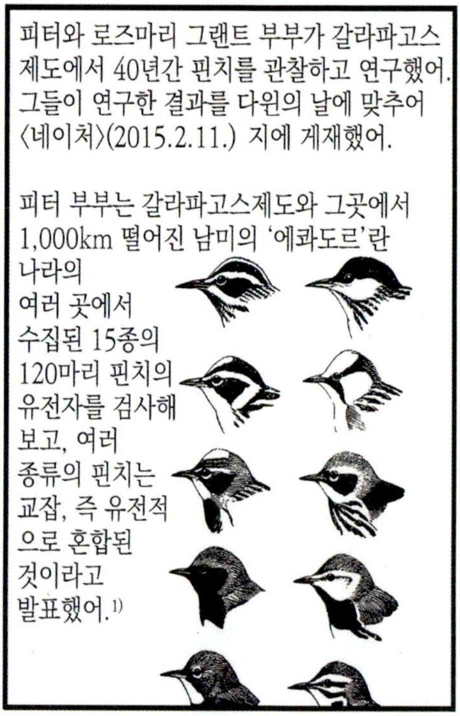

1) CEH, 다윈의 핀치새: 진화한 것은 새인가? 진화 이야기인가? 「한국창조과학회」, 2015. 2. 12. http://www.kacr.or.kr/library/print.asp?no=6098

성선택설은 보편타당성이 없다

융기는 반복되지 않는다

꽃은 눈도 코도 없는데 왜 아름답고 향기로울까?

꽃은 눈도 코도 없는데 왜 아름답고 향기로울까? 113

적어도 자연이 선택해서 그렇게 된 것은 아닌 것 같아요.

암술이 코나 눈이 있는 것도 아닌데 그걸 분별해서 수분하는 건 참 신기하네요.

꿀벌이나 나비가 여러 종류의 꽃가루를 다리에 묻혀서 오잖아. 근데 암술이 그 많은 종류의 꽃가루 가운데 자기랑 같은 종류의 꽃가루만 받아 수분한다는 것은 신기하지?

자연이나 꿀벌이 아름답게 핀 꽃을 선택하는 과정을 통해 꽃이 점점 화려하게 진화되었다고 하기는 어렵지 않을까?

꽃은 자연이나 꿀벌이 선택하는 과정에 그렇게 된 건 아닌 것 같아요.

그렇지. 꿀벌과 나비는 화려한 것에 관심이 없고 자연은 눈이 없어서 화려한 꽃을 선택할 수도 없어. 그러면 꽃은 어떻게 아름다워졌을까?

음… 잘 모르겠어요.

그럼 좋은 향기는 스스로 만들 수 있을까?

어떤 향기가 좋은지 꽃은 모르죠. 꽃은 코가 없어서 향기를 못 맡을 걸요.

땅에 올라온 물고기는 번식 못 한다

땅에 올라온 물고기는 번식 못 한다 123

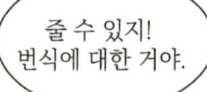

늑대가 고래로 변하기 전에 익사하는 이유

고래의 조상 동물이라는 파키케투스

1978년 파키스탄 북서부 지역에서 몸길이는 대략 1~2m 정도인 최대 35cm 남짓한 크기의 두개골이 발견되었다. 길쭉한 아래턱뼈와 이빨 몇 개, 그리고 머리 덮개 뼈 일부로 구성된 불완전한 두개골이었다. 이 뼈가 원시 고래의 일종으로 여겨진 고래류에게서 공통적으로 확인되는 외고막뼈로 이루어진 커다란 청각 대수포의 존재를 지적한 연구가 발표된 1981년의 일로, 이 뼈는 파키케투스라는 속명을 얻었다.

파키케투스가 고래의 조상이라고 주장한 징거리치(Philip Gingerich)는 "시기적으로 그리고 그 형태면에서, 파키세투스(Pakicetus)는 이전 시대의 육지 포유류와 이후의 완전한 고래 사이의 완벽한 중간단계인 잃어버린 고리이다."

저명한 고래 진화의 전문가인 테위슨(Thewissen)과 동료들은 더 많은 파키세투스의 뼈들을 발굴하고, 네이처(Nature) 지에 (2001년 9월) 그들의 연구 결과를 발표했다. 여기에 실린 논문의 해설에 의하면 "모든 몸체 뼈들은 파키세티드(pakicetids)가 육지 포유류였음을 가리키고 있으며…… 이 동물들은 땅 위를 발만으로 뛰어다녔음을 보여 주고 있다. 이것은 징거리치가 그림에서 보여 준 바다 생활에 익숙한 동물과는 아주 딴판이었다."

1. Gingerich, P.D., The whales of Tethys, Natural History, p. 86, April 1994.
2. Thewissen, J.G.M., Williams, E.M, Roe, L.J. and Hussain, S.T., Skeletons of terrestrial cetaceans and the relationship of whales to artiodactyls, Nature 413(6853): 277-281, 20 September 2001.

지금은 육지 동물인 우제류(소, 사슴 등)가 약 6,000만 년 전 육지에서 바다로 서식지를 옮겨 고래로 진화한 것으로 추정하고 있다. 풀을 먹는 소가 바다로 가 비린내 나는 물고기를 잡아먹고 살다가 고래로 진화되었다는 것이다. 소가 들으면 웃겠다.

캐나다 토론토의 왕립 온타리오 박물관에 전시된 온전한 파키케투스 골격 표본

1) Jonathan Sarfati and Alexander Williams, 고래의 조상 동물이라는 파키세투스, 「한국창조과학회」, 2005. 04. 20. http://www.creation.or.kr/library/print.asp?no=3307

진화론은 캄브리아기 대폭발로 폭파되었다

1) Nature, 512: 419-422, 28 August, 2014

1) 리처드 도킨스, 『눈먼 시계공』, 사이언스북스, 이용철, 2004년판. P374 31쪽

침팬지가 인류와 98.4% 닮았다는 거짓말

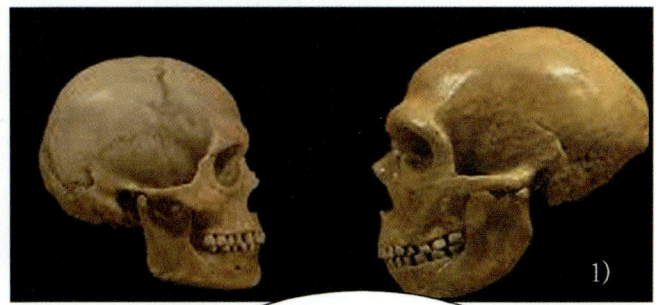

1) 저자:hairymuseummatt 출처: 위키미디어

침팬지가 인류와 98.4% 닮았다는 허구 153

현재 전세계에 퍼져 살고 있는 현생인류(호모사피엔스)가 약 20만 년 전 지금의
아프리카 남부 보츠와나 북부에서 처음 태어났다고 한다. 그러나 1997년
파슨스(Parsons) 박사는 새로운 방식으로 미토콘드리아 이브의 나이를 계산해 보았다.
미토콘드리아의 DNA는 일반 DNA와 달라서 모계로부터만 이어진다. 즉, 할머니·
엄마·딸로 이어진다. 그래서 과학자들은 거꾸로 모계 쪽의 유전자를 거슬러 올라가며
돌연변이가 어떤 속도로 일어나는지를 계산하고, 직접 측정한 그 돌연변이율을
기준으로 미토콘드리아 이브가 살았던 연대를 계산한 결과, 인간 사이의
돌연변이 속도는 다른 과학자들의 예측보다 20배가 빠름을 계산했다.
평균적으로 할머니와 딸과 손녀 사이에 돌연변이가 4개 즉, 한 세대당 2개의
돌연변이가 생긴다고 한다. 그 둘 사이에 100개의 돌연변이가 있다면 50세대가
지났음을 계산할 수 있을 것이다. 이런 식으로 실제 돌연변이 차이의 범위는
6,000년을 가정하고 예측한 범위에 들어가며, 50,000년을 가정하고 예측한
최소 신뢰 지수보다 훨씬 더 낮다는 것이다.

진화론자 앤 기본스(Ann Gibbons)는 자신의 논문에 변이 속도를 직접
측정한 후 계산을 하면 미토콘드리아 이브가 6,000년 전 사람임을 인정한다.

사이언스 데일리(Science daily)의 "모든 인류의 공통 조상이 놀랄 정도로 가장
최근이다"라는 기사에 따르면 예일 대학의 죠셉 창(Joseph Chang)은 현재 인구의
수와 그 인구의 부모의 존재, 인종에 따른 번식과 인구 증가율을 모델화해 컴퓨터로
시뮬레이션해 보았다. 그 결과 놀랍게도 모든 인류의 공통 조상은
대략 169세대(5,000년 전)에 있었다는 결론을 내리게 된다.[1]

---

1) Fingerofthomas, DNA가 확증하는 성경적 연대 / 돌연변이가 부정하는 진화적 연대,
fingerofthomas.tistory.com

개미의 눈은 왜 진화되지 않았을까?

뭉툭하게 생긴 앞 지느러미가 발로 진화되는 과정 중에 있다고 보았기 때문이지.

그렇게 추측할 만하게 생겼네요.

그렇지만 1938년에 남아프리카 공화국 근해에서 실러캔스가 잡힌 후에 지금까지 200마리가 넘게 잡혔어. 근데 그게 화석화된 실러캔스나 그 모양이 똑같아.

...

그동안에도 전혀 변형도, 진화도 되지 않았다는 거야. 심지어 염색체도 거의 변하지 않았어.

2012년에 실러캔스 71마리에 대한 DNA 염기서열을 분석했는데, 미토콘드리아 염색체 726개 중에서 단지 8개만이 변이되었대. 천만 년에 한 개꼴로 변이가 일어났다는 거지.

무엇이든 예외가 있으니 그거 한 가지만 가지고 진화가 없었다고 하면 안 되죠.

...

종의 정지

하버드 대학의 교수인 스티븐 제이 굴드(Stephen Jay Gould)는 고생태학의 선두주자로서 누구보다 많은 화석을 관찰하고 연구했다. 스티븐 제이 굴드는 수많은 화석을 관찰한 결과를 토대로『진화론의 구조』라는 책을 집필하였는데, 총 1,400페이지에 달하는 분량 중 약 300페이지에 걸쳐 '종의 정지'에 관한 내용을 기술하였다. 그의 책에서는 전체 중 90% 이상의 화석에서 종의 정지를 확인할 수 있다고 설명한다. 또 그는 '여러 지층에 걸쳐 발견되는 화석을 연구하면 생물은 전혀 변화하지 않고 보존되어 있다는 것을 알 수 있다. 종의 정지는 작은 변이가 누적되는 현상이 없음을 확실하게 보여 주는 것'이라고 하였다. 그러면서 '종의 정지는 단순한 추측이 아니라 수많은 화석을 직접 확인한 자료에 근거한 것'이라고 덧붙였다. 그러나 진화론 과학자인 굴드가 진화론을 단번에 부정할 수는 없는 노릇이었다. 이에 굴드는 대체 이론으로서 단속평형설(punctuated equilibrium)을 제시했다.

단속평형설은 화석에서 나타나는 종간의 뚜렷한 단절을 설명하는 가설이다. 단속평형설에 따르면, 새로운 종이 형성될 때는 생물의 형질이 급격하게 변하지만, 이후에 안정된 상태로 접어들었을 때는 그 상태가 유지된다.

하지만 새로운 종이 형성될 때 생물의 형질이 급격하게 변했다는 그의 이론은 다소 허망하다. 왜냐하면 급격하게 변한 형질의 흔적을 화석에서는 전혀 발견할 수 없기 때문이다. 진화론은 단순히 동물의 생김새가 비슷하다는 이유만으로 생물이 작은 개체에서 큰 개체로 진화되었다고 포장하지만, 그 이면에는 온갖 착각과 오류가 가득하다. 진화론을 화석이나 자연 등의 실제에 대입했을 때는 남의 옷을 억지로 껴입은 것처럼 들어맞는 점을 찾기 어렵다. 단정적으로 말하자면, 진화는 없었다. 지구가 탄생한 이래로 지금 이 시점까지도 그렇다. 모든 생물은 처음부터 종류별로 존재한 것이다.

스티븐 제이 굴드(Stephen Jay Gould 1941년 9월 10일 - 2002년 5월 20일)
1941년 뉴욕에서 태어난 굴드는 안티오크대 지질학과를 졸업하고, 컬럼비아대에서 고생물학 박사 학위를 받은 이후 2002년 작고할 때까지 하버드대 교수로 재직했다.
분야: 고생물학, 진화생물학, 과학사
소속: 미국 하버드 대학교, 미국 자연사 박물관, 뉴욕 대학교
업적: 단속평형설,

생명의 씨앗이 우주에서 왔단다

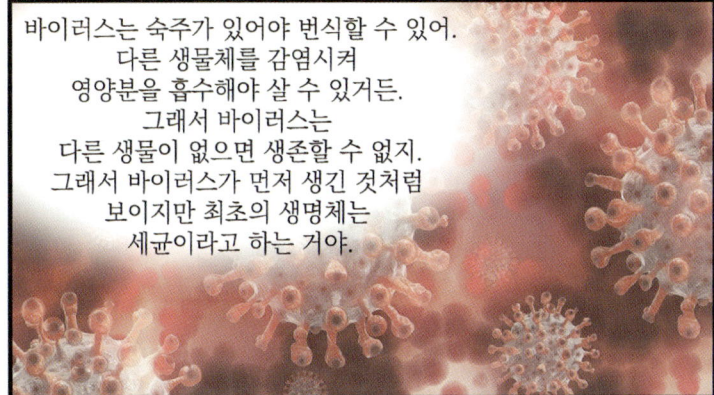

변하는 과정에 멸종된다

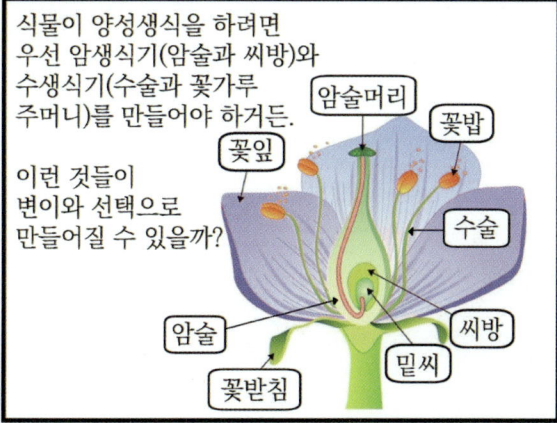

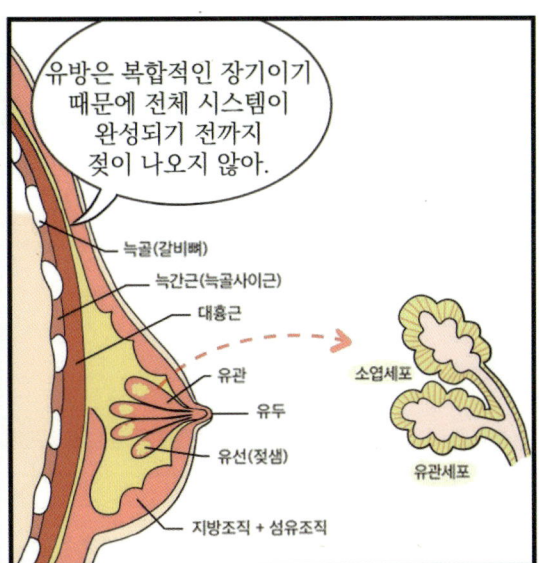

의사도 오장육부를 개량 못 한다

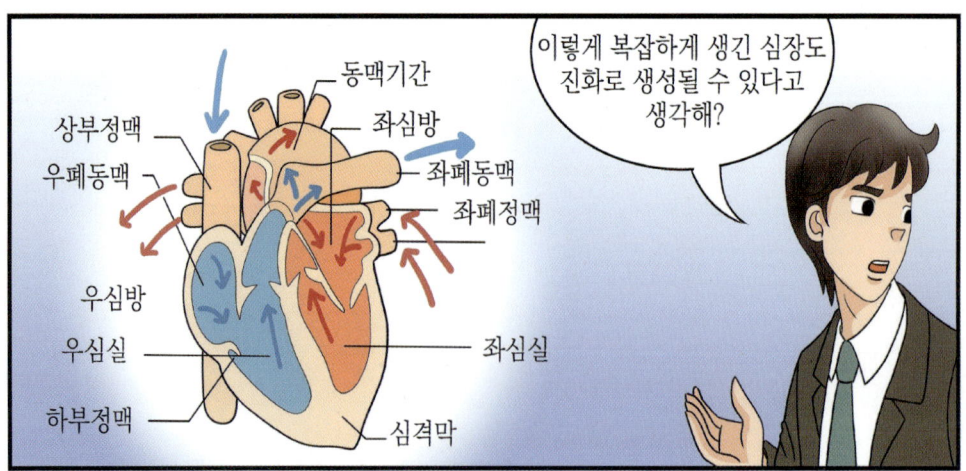

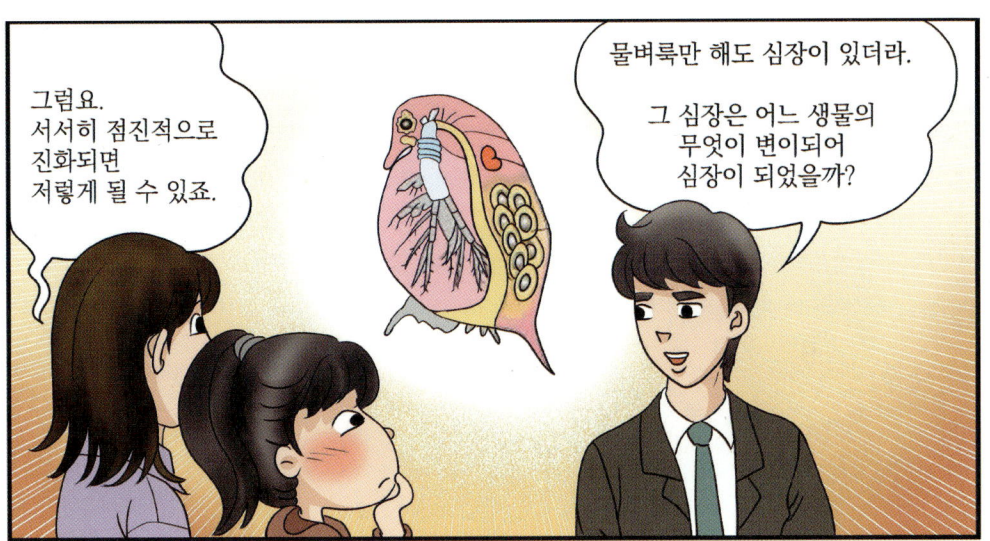

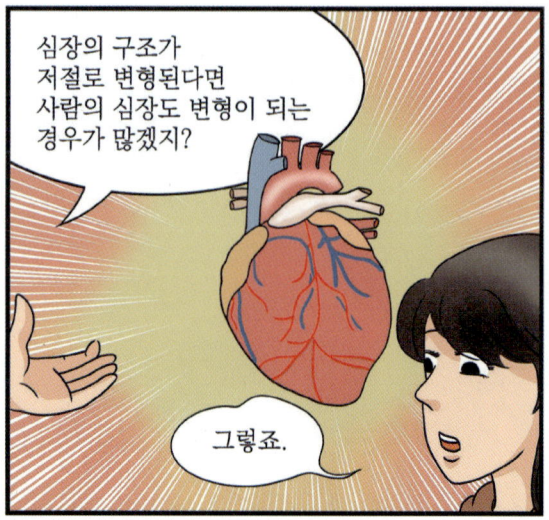

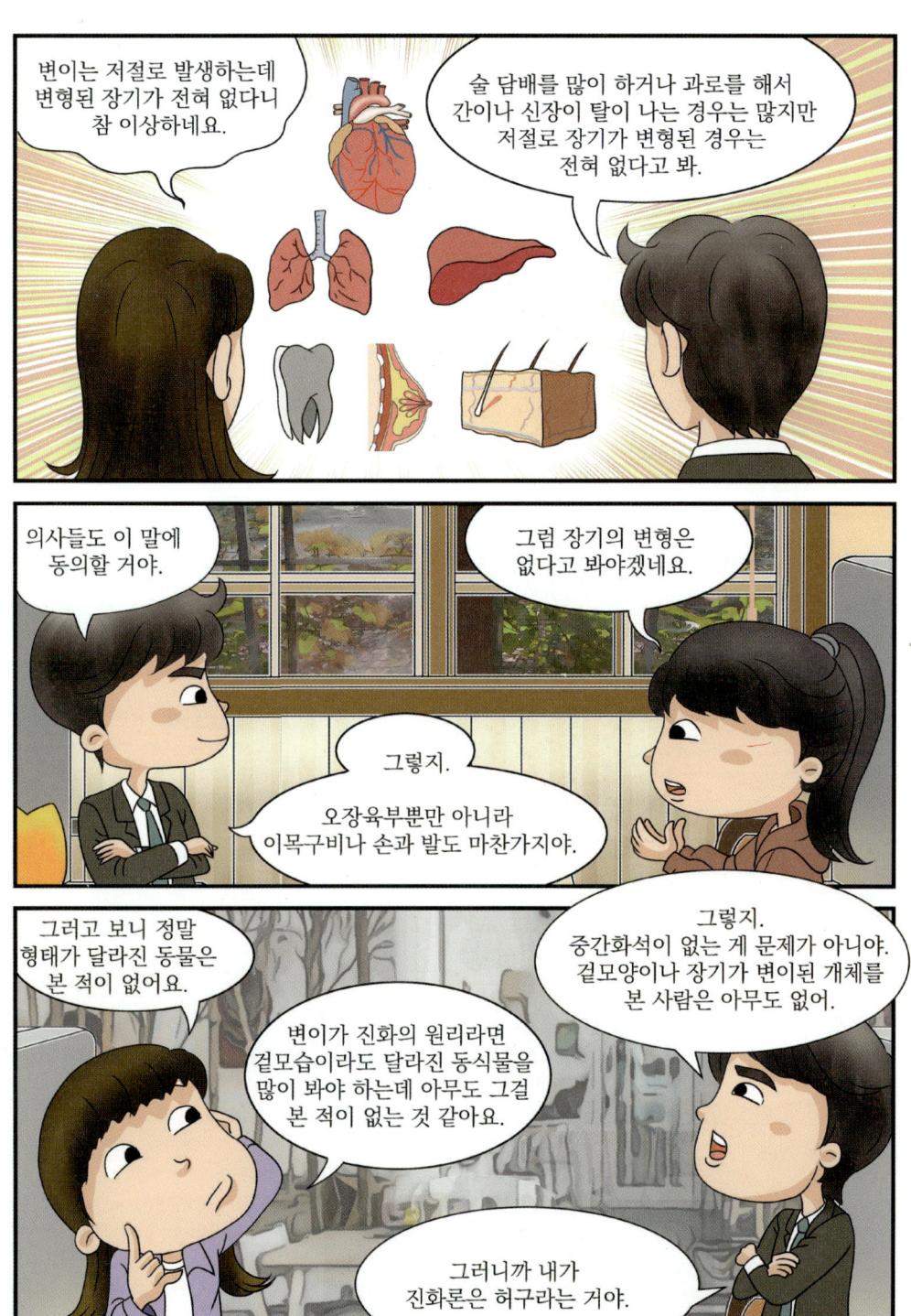

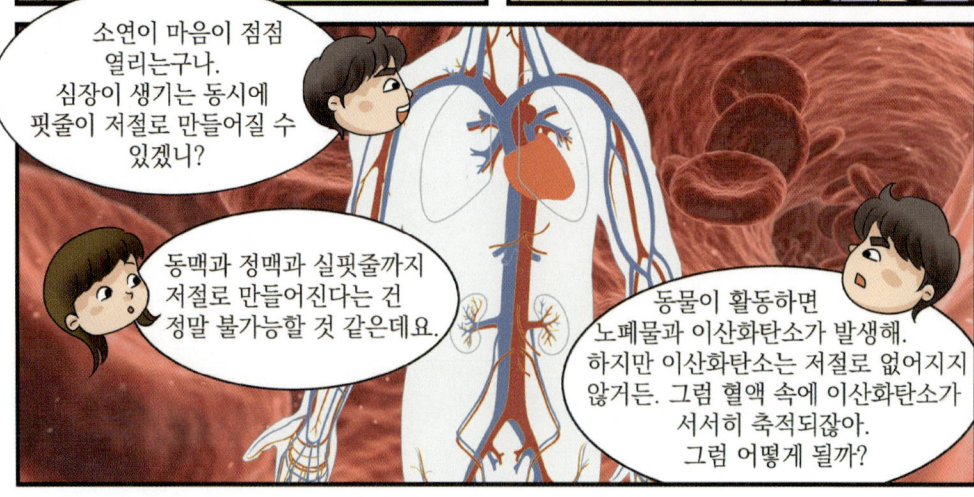

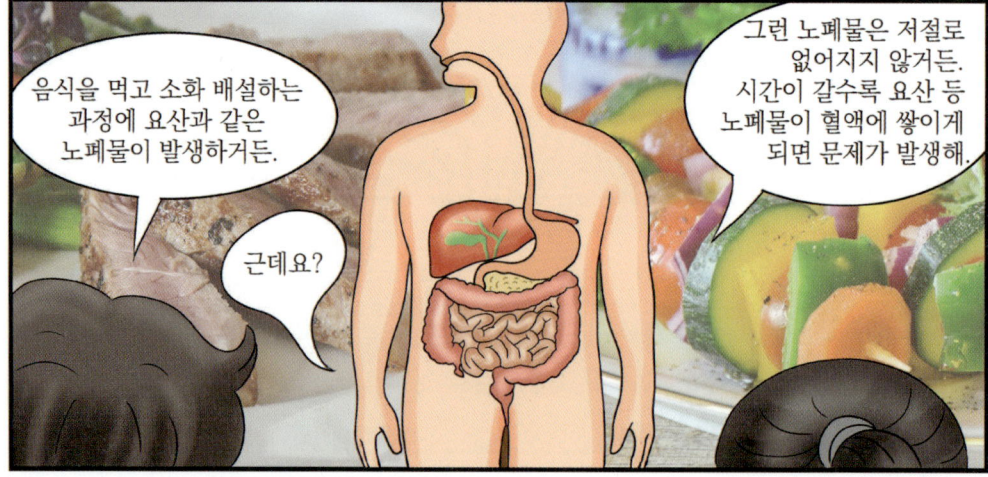

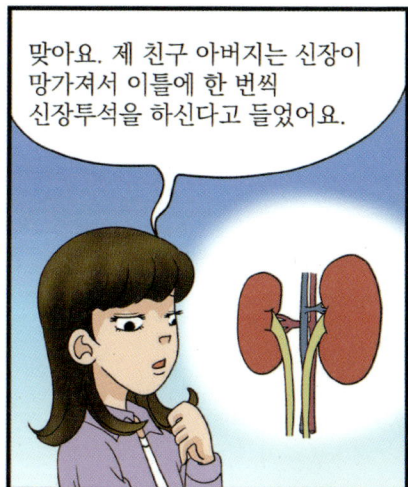

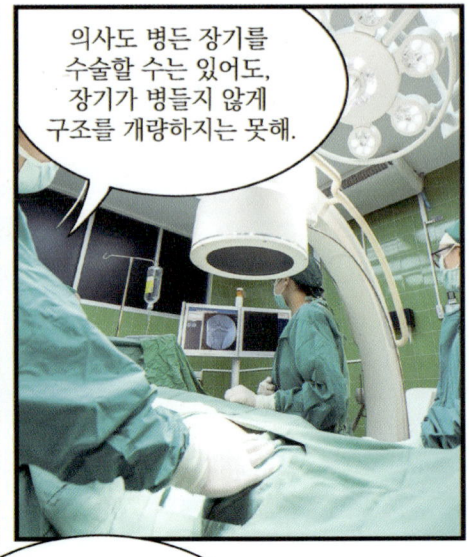

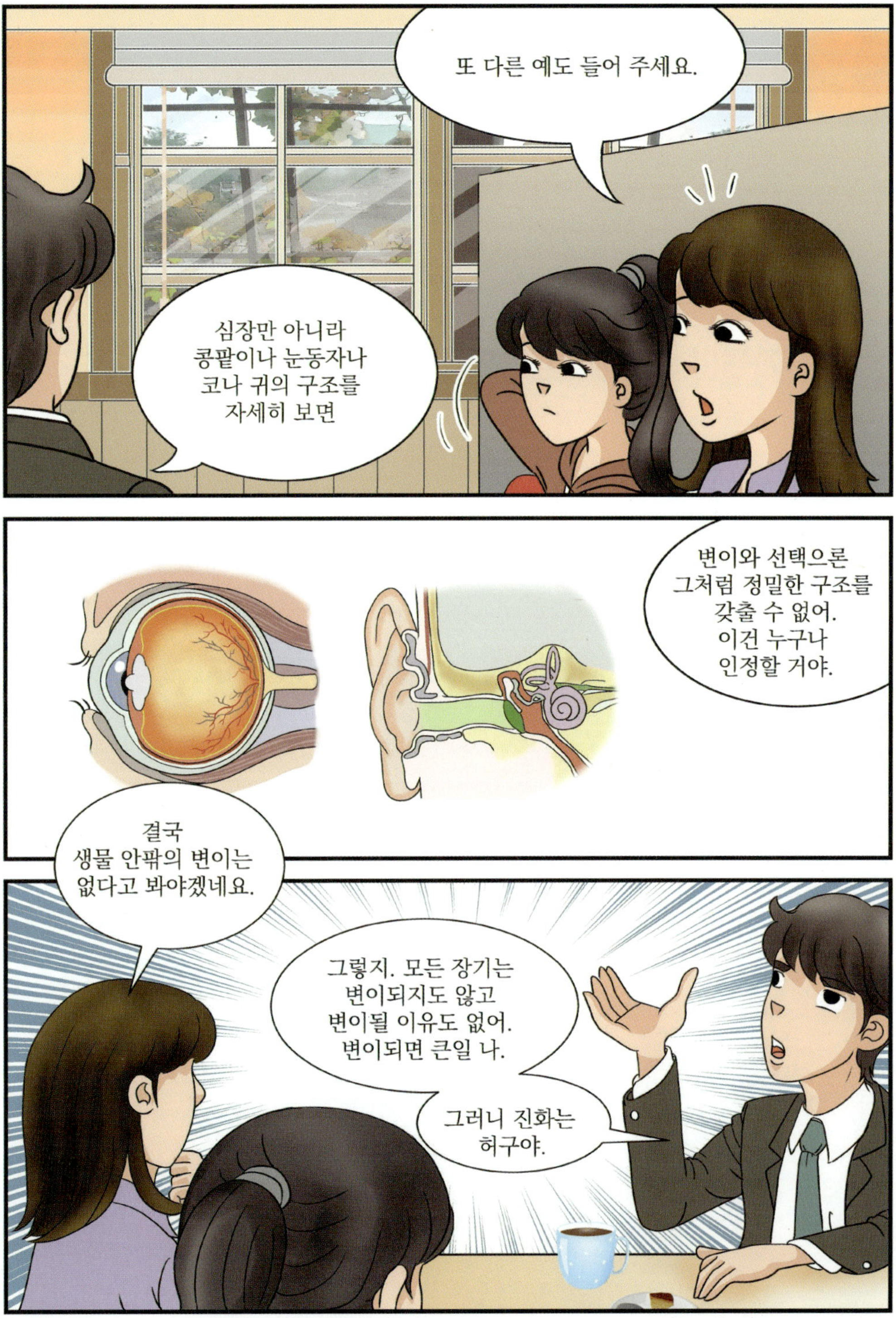

자연이 유전자코드를 발명하고 배열할 수 있을까?

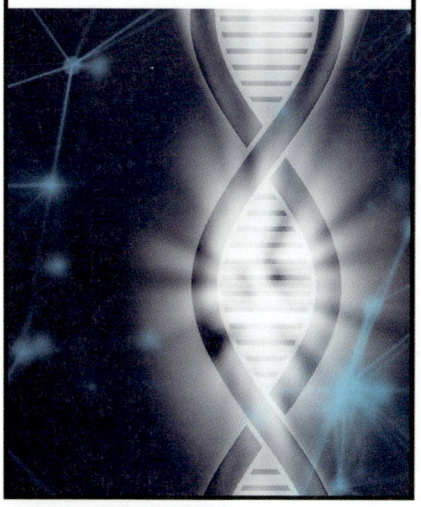
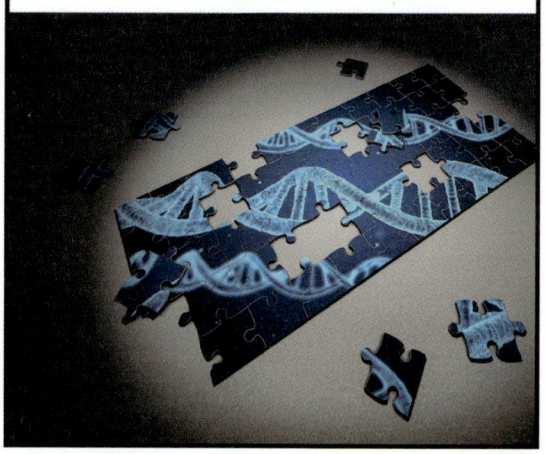

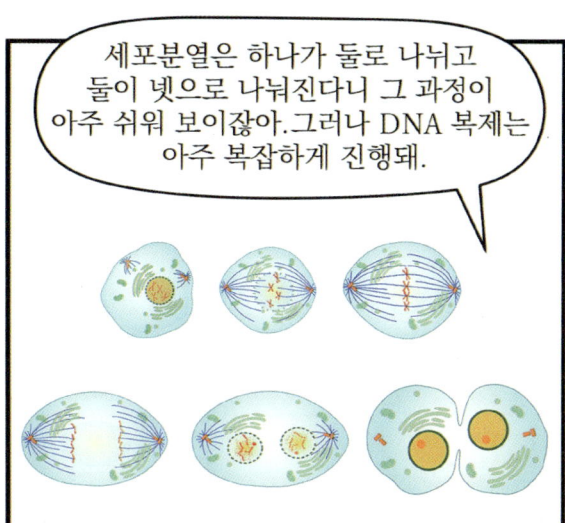

인간은 지금도 세포를 만들지 못하고 있다

진화론 과학계에서는 최초의 생명체가 원시 지구의 해양에서
발생했으리라는 가설을 제시했다. 당시 해양에는 유기물 분자가
풍부하게 공급돼 있어 오랜 세월이 지나는 동안
유기물 분자들이 서로 결합해 큰 복합체를 형성했다.
현재는 심해 열수구에서 생명이 발생했다고 주장한다.
그러나 생명이 우연히 생성된다 할지라도
세포분열로 번식하려면 반드시 DNA가 있어야 한다.
정밀하고 복잡한 DNA를 누가 설계하고 배열했는지
누구도 과학적으로 설명할 수 없다.

세계적인 과학자들이 모여 최신형 양자컴퓨터를 사용해도
세포 하나를 만들지 못하고 있다. 만들려고 시도조차 하지 않는 것 같다.
인간은 언젠가 세포를 만들 수 있을지 모른다. 혹시 세포를 만든다고 해도
그건 자연에 있는 세포를 모방한 것에 지나지 않는다.
그런데 약 38억 년 전에 저절로 세포가 만들어졌다는 것은
과학적인 이론일까? 이것이 합리적인 판단일까?

현대진화론의 거짓말

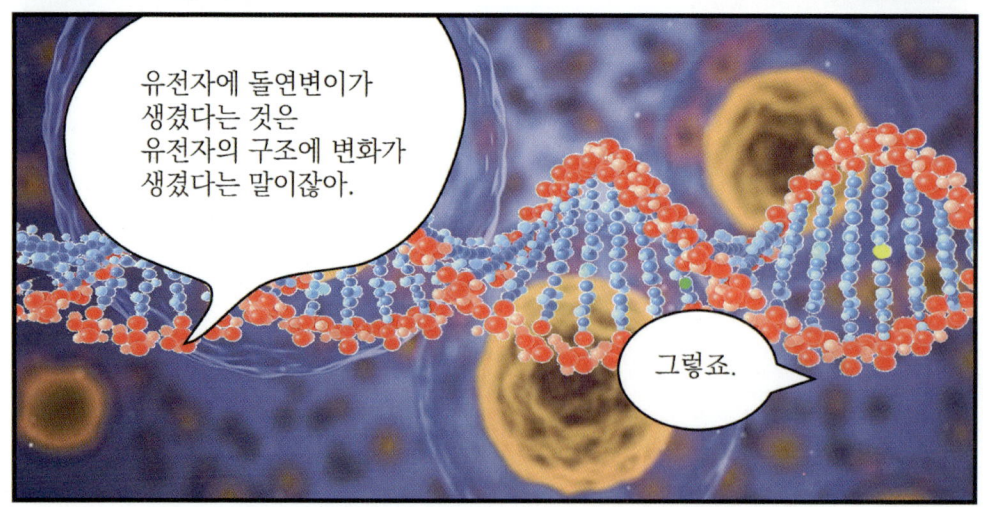

현대진화론의 모순

유전자 복제과정에 유전자에 돌연변이가 발생하는 것은 부정할 수 없는 과학적 사실이다. 현대진화론은 최첨단 과학인 유전자를 기초로 정립한 이론이라, 이제 진화론은 틀림없는 과학으로 인정받고 있다.

유전자에 변이가 발생한 것은 유전자에 문제가 생겼다는 것이다. 그러니 그런 것이 아무리 많이 유전되고 누적되어도 생존에 불리하게 될 뿐이다. 그래서 자연에서 이전보다 생존과 번식하기 더 좋게 개량된 생물을 볼 수 없고, 오히려 알비노(백색증)처럼 선천적으로 질병이나 장애를 갖고 태어난 생물만 볼 수 있는 것이다.

그리고 현대진화론이 허구란 것을 간단히 검증할 방법이 있다. 그것은 고생대부터 출현하여 지금도 서식한다는 투구게·실러캔스·앵무조개 등의 개체나 종별 유전자를 대조해 보면 1%도 다르지 않을 것이다. 근거는 무엇인가? 화석화된 고생대 생물과 지금의 생물은 형태나 색깔이나 무늬가 다르지 않기 때문이다. 너무나 똑같다. 그것은 돌연변이 된 유전자가 유전되고 누적되지 않는다는 것을 명백히 보여 준다.

변이는 자연 발생적으로 계속되는 것이므로 다윈도 진화는 계속된다고 했다. 그러나 현재 서식하는 모든 생물의 종류 가운데 긍정적으로 변형된 생물은 발견되지 않으니 최첨단 과학인 DNA에 근거한 현대진화론도 이론만 그럴듯한 허구에 지나지 않는다.

노아홍수는 과학적으로 증명된다

하늘에 있던 그 많은 물이 어떻게 떨어지지 않고 있을 수가 있어요?

너, 좀 무겁겠다…ㅋ

글쎄, 그건 나도 몰라.

깊음의 샘이 터져서 엄청난 양의 물이 솟아올랐다는 말도 믿기지 않아요.

지하에 그렇게 넓은 공간도 없고 그처럼 많은 물이 없잖아요.

화석의 생성과 지구 나이의 비밀

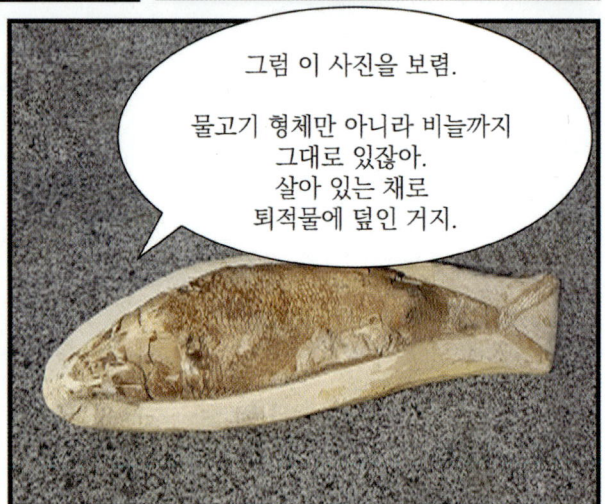

규화목이라고 들어 보았어?

규화목은 나무 화석이잖아요.

토사에 묻힌 나무에 긴 세월 동안 물에 녹은 이산화규소가 스며들어 돌이 된 게 규화목이거든.

모든 유기물이 광물질로 바뀌어 버린 거지. 그처럼 다른 화석도 물이 있어야 광물질이 그 안으로 침투할 수 있어.

저도 규화목을 본 적이 있어요. 나무처럼 생긴 돌같이 보이던데요.

동식물의 화석도 공기가 차단된 차가운 물속에 있어야 사체가 썩지도 녹지도 않은 상태로 오랫동안 보존돼.

사체에 서서히 광물질이 스며들어 화석이 되는 것이라 생각해.

아하!

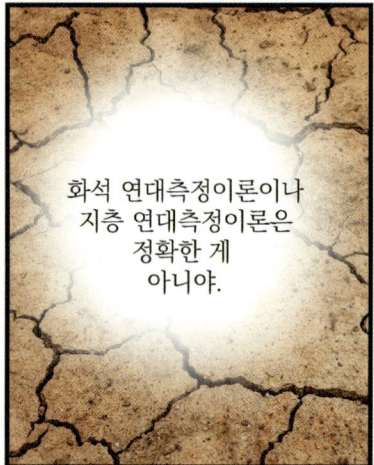

화석의 생성과 지구 나이의 비밀 263

화석의 연대 측정 방법

화석의 연대 측정에 사용되는 물질은 탄소-14(^{14}C)이다.. 그것은 대기권 상층부에서 우주선(우주에서 날아오는 입자선(粒子線))이 질소와 핵반응을 일으켜 생성된다. ^{14}C는 우선 식물에 유입된다. 먹이활동으로 초식동물의 몸에 유입된다. 그러나 먹이활동이 중단되면 ^{14}C의 유입도 멈춘다. 이 ^{14}C의 양은 5730년이 지나면 양이 반으로 감소한다. 방사성 원소는 반감기가 10번 지나면 방사선이 거의 제로가 된다. 그러므로 화석에 남아 있는 ^{14}C의 양을 측정하면 생존했던 연대를 알 수 있다. 그래서 탄소-14의 반감기를 통해 최대 6만 년까지 연대를 측정할 수 있다.

지층과 화석의 연대를 측정하는 정확한 방법은 무엇일까?

지층은 화석에 의해서, 화석은 지층에 의해 연대가 결정된다. 지층은 표준화석(index fossils)에 의해 연대를 추정한다. 고생대에는 삼엽충과 완족류, 중생대에는 암모나이트, 신생대에는 포유류가 나타난다. 이런 화석은 시대를 알게 해 주는 표준이 된다고 해서 '표준화석'이라 부른다. 지층의 연대는 어떤 표준화석이 발견되었느냐에 따라 결정된다.
화석의 연대는 어느 지층에서 발견되었느냐에 따라 결정된다.

신비한 동물의 본능

옥시토신

옥시토신이란 그리스어로 '빠르게 태어나다'
라는 의미로 자궁수축 호르몬이라고도 한다.
옥시토신은 등뼈 동물과 무척추 동물을 포함하는 다양한
동물들의 뇌하수체 후엽 가운데에서 분비되는 신경전달물질이다.
출산 때 자궁 민무늬근 수축을 촉진해 진통을
유발하고 분만이 쉽게 이루어지게 한다.
또한 수유할 때 젖의 분비를 돕고 모유수유를 돕고
아이와 엄마 사이의 유대감을 더욱 극대화하는 등
출산과 양육과정에서 엄마와 아기에게 큰 역할을 한다.

기록 매체의 발달과정

문자가 발명되기 이전에는
뼈나 거북등갑, 나무껍질 등에 그림을 그렸다.
그림문자가 발명된 후에는 상형문자나 쐐기문자,
갑골문자로 점토판에 역사나 정보를 기록하였다.
기원전 3천년경에 파피루스에 기록하였다.
기원전 500년경부터 양피지 등에 기록하였다.
기원전 14세기경부터 죽간을 필기 매체로 사용하였다.
105년에 중국의 채륜이 종이를 발명한 후에는
종이에 정보와 기록을 남겼다.
7세기부터 목판인쇄술이 발명되었고 이후에
금속활자를 이용한 인쇄술이 발달되었다.
18세기에 천공카드가 등장하였다.
1946년 최초의 전자식 데이터 저장장치가 발명되었다.
1950년대에 들어서면서 자기테이프가
저장장치로 사용되기 시작하였다.
1990년대부터 메모리저장장치가 개발되기 시작하였다,
현대에 와서야 I/C칩이란 고밀도집적장치를 개발하였다.

그런데 최초의 생물이란 세균은 눈에 보이지 않을 만큼
작은 세포(1/1000mm)의 핵 안에
DNA의 정보가 생성되고 저장되었다.
약 38억 년 전에 세포의 핵 안에 유전정보를 생성하고
그 정보를 저장하고 복제하는 것이
가능한지 깊이 생각해 봐야 할 부분이다.

유별난 동물

진화론에서는 인간도 동물의 부류라고 하잖아.

진화론에서는 영혼의 존재를 믿지 않으니 그럴 만도 해.

인간과 동물은 하늘과 땅만큼 다른데 인간을 동물 취급하는 것은 인간에 대한 모독이야. 겉만 보고 그렇게 분류하는 거지.

소연이도 양심이 있지?

저도 인간인데 당연히 양심이 있죠.

나한테 먼저 안 물어보셔서 다행이다.

왜? 찔리냐?

288 다윈의 착각과 거짓말

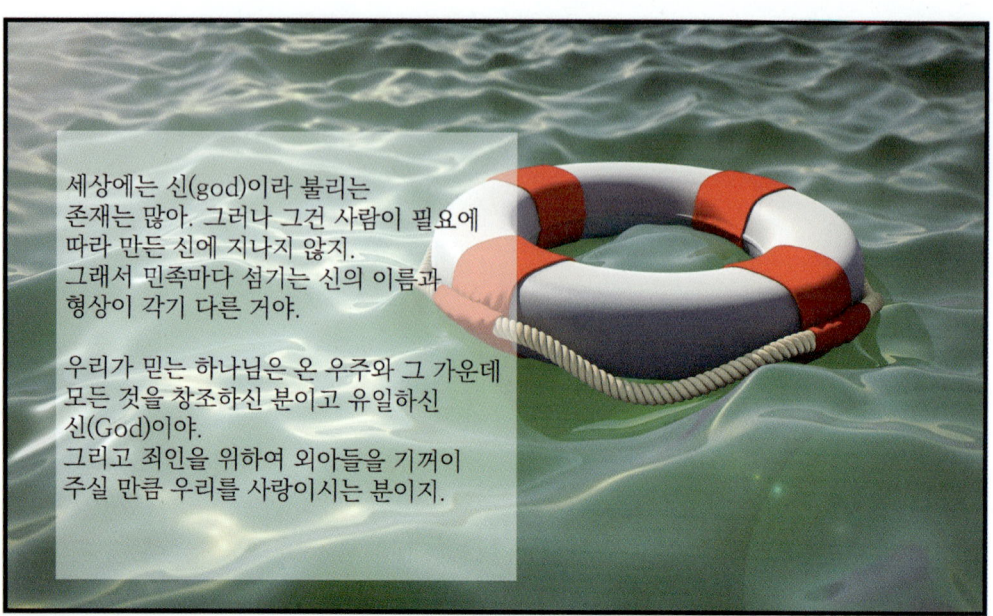

세상에는 신(god)이라 불리는 존재는 많아. 그러나 그건 사람이 필요에 따라 만든 신에 지나지 않지. 그래서 민족마다 섬기는 신의 이름과 형상이 각기 다른 거야.

우리가 믿는 하나님은 온 우주와 그 가운데 모든 것을 창조하신 분이고 유일하신 신(God)이야.
그리고 죄인을 위하여 외아들을 기꺼이 주실 만큼 우리를 사랑이시는 분이지.

하나님은
예수 그리스도를 구주로 영접하는 자는 모든 죄를 용서하여 주시고 아버지가 되어 주신다고 약속하셨어.

천지를 창조하실 만큼
전능하신 분,

나를 위하여 아들을 아끼지 않고 내주신 그 하나님의 사랑과 은혜를 받고 살다가
하늘나라에 가서 영원한 행복을 누리고 싶지 않니?

글을 마치며

하나님께서 저자에게 주신 통찰력과 논지로 이 책을 쓸 수 있었음을 고백하며 하나님께 영광을 돌린다. 특히 어려운 이론을 누구나 이해하기 쉽게 만화 대본으로 쓸 수 있었던 것은 하나님의 특별한 은혜가 있었다고 진심으로 고백한다. 생소한 과학분야의 만화 대본을 만화로 재밌게 그려주신 진지영 작가에게 진심으로 감사를 드린다. 진 작가가 얼마나 수고했는지 하나님은 다 아신다.

이 책이 다음 세대를 위한 것임을 아시고 일면식도 없는데 기꺼이 추천사를 써주신 김경태 박사님, 서병선 박사님, 이경호 박사님, 임번삼 박사님과 정재훈 교사님께 감사를 드린다. 동역하는 심정으로 원고를 꼼꼼히 살펴주신 서천석 목사님의 귀한 헌신이 있었다. 저자를 전도해 준 조소연 자매와 멘토가 되어주신 존경하는 김주경 선교사님의 인도가 있었음을 밝힌다.

또한, 반려자와 동역자로 섬겨준 사랑하고 존경하는 아내 김영희에게 마음을 다해 고마움을 전한다. 그리고 묵묵히 기도하고 섬겨준 양우리교회 교우들에게 진심으로 감사를 드린다. 그리고 이 책이 출간되도록 협력한 쏘노(주)의 윤병석 대표님과 꾸준히 기도와 물질로 힘이 되어주신 정순덕 권사님에게도 감사를 전한다. 여기에 다 언급하지 못했지만, 부족한 종을 위해 그동안 기도해 주시고 협력하신 모든 분께 감사를 드린다.

문서선교헌금 안내

전국의 공공도서관과 중고등학교에서 생물을 가르치는 교사들에게 이 책을 무료로 배포하고자 합니다. 나아가서 진화론을 과학에서 퇴출시키는 소송을 하고자 합니다.

문서선교헌금: 농협 317-0013-3633-11 양우리교회

다윈의 착각과 거짓말 (진화론은 허구야 개정증보판)

초판발행   2024년 5월 30일

지 은 이   김학충
그 림   진지영
펴 낸 이   김영희
펴 낸 곳   조명출판사
인 쇄   한국학술정보(주)
주소   경기도 시흥시 신천3길 72
전화   010-6869-5147
e-mail   jomyeongpub@naver.com
등록   재2022-000006호 (2022년 3월 14일)
값   18,000원

ISBN 979-11-978372-1-0